Foundation Fieldbus

Alexander Espinosa

Versión 4.1 – 2011

A mis hijos Camilo y Sofía

Indice

Figuras

Tablas

Prólogo

El estudiante de instrumentación industrial debe conseguir una comprensión de muchos aspectos de la ciencia y la técnica que se utilizan para la obtención de bienes de consumo a través de métodos industriales de proceso. En las industrias de proceso coexisten antiguas y nuevas tecnologías, por lo que el desafío es aún mayor para los jóvenes que intentan obtener el dominio necesario de la instrumentación industrial. En los últimos tiempos ha habido una transferencia de tecnología digital desde otras áreas como las de telecomunicaciones, procesamiento digital de señales y métodos de inteligencia artificial cada una de las cuales representan en sí mismo un desafío. Espero que la forma en que ha sido presentado ayude a motivar al estudiante y que la elección de los textos le sirva de guía en la ardua tarea del aprendizaje. Las versiones kindle están disponibles desde agosto de 2010 en la tienda Amazon. Se pueden adquirir los capítulos por separado o en tomos.

+Alexander Espinosa

x

Capítulo 1

FOUNDATION FieldBus

Foundation Fieldbus es un estándar para la instrumentación de campo digital que permite a los instrumentos no solo comunicarse digitalmente con otros, sino que también ejecutar algoritmos de control totalmente continuos (tales como PID, *ratio control*, control en cascada, control *feedforward*, etc.) que se han implementado tradicionalmente en dispositivos de control dedicados. En esencia, Foundation Fieldbus extiende el concepto general de un sistema de control distribuido (DCS) hasta alcanzar a los dispositivos de campo. Visto de esta forma, Foundation Fieldbus es más que un bus de comunicación digital para la industria, en realidad representa una nueva forma de implementar sistemas de medición y de control. Este capítulo está dedicado a la discusión sobre instrumentación de Foundation Fieldbus, partiendo de conceptos generales de adquisición de datos y de comunicación.

Foundation Fieldbus será ocasionalmente reemplazado por *FF* durante el resto del capítulo.

Esta norma de redes industriales fue propuesta como concepto por primera vez en1984 y fue oficialmente normalizada por la Fundación Fieldbus (la organización que verifica y valida todos los estándares FF) en 1996. Uno de los puntos atractivos para FF es el tiempo más reducido de instalación, lo que lo hace más atractivo para las instalaciones nuevas que para proyectos de actualización.

1.1   Filosofía de Diseño de FF

Para entender en qué se diferencia FF de otros sistemas de instrumentación digital, considere una estructura típica de un sistema de control distribuido (DCS) en el que todos los cálculos y las decisiones lógicas se realizan en controladores dedicados, usualmente adoptando la forma de un rack multi-tarjetas con procesadores, tarjetas de entradas analógicas, tarjetas de salidas analógicas y de otros tipos de tarjetas I/O *input/output* (Fig. 1.1).

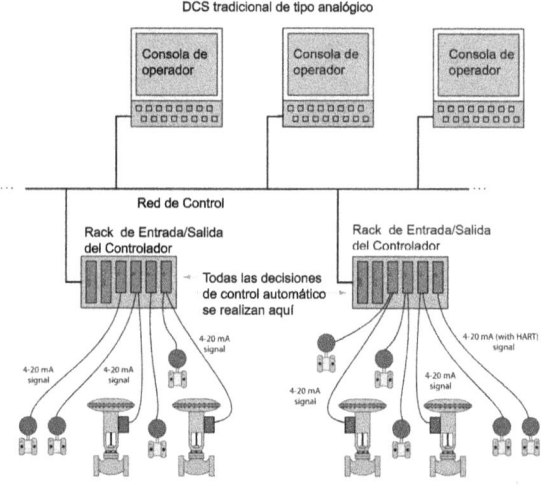

Figura 1.1: Estructura típica de un sistema de control distribuido DCS

La información se transfiere en forma analógica entre el controlador DCS y el instrumento de campo.   Si estuviese equipado con los tipos apropiados de tarjetas

I/O, el DCS podría incluso comunicarse con algunos de los instrumentos de campo compatibles con el protocolo HART. Esto permite que los instrumentos multivariables transmitan varias variables hacia y desde los controladores DCS (aunque en forma lenta) sobre un par de cables únicos.

También es posible construir un sistema de control alrededor de un DCS usando instrumentos de campo totalmente digitales, usando un protocolo como *Profibus PA* para intercambiar la variable de proceso (PV) y la variable manipulada (MV) hacia y desde los controladores DCS (Fig. 1.2).

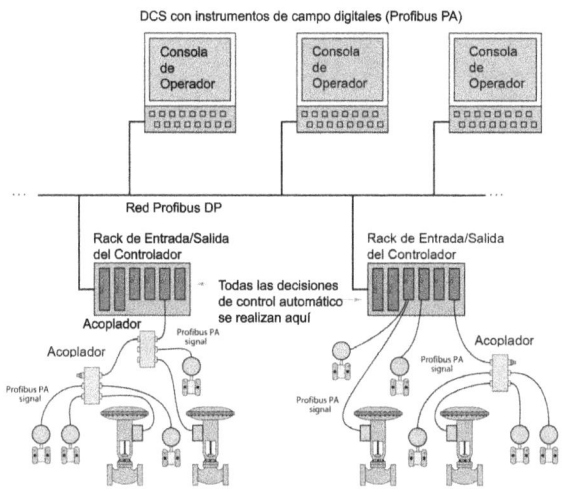

Figura 1.2: Sistema de control distribuido con instrumentos de campo digitales

Con este sistema los instrumentos de campo multivariable tienen la capacidad para intercambiar rápidamente sus datos con el DCS junto con información de mantenimiento (rangos de calibración, mensajes de error y alarmas). Cada cable Fieldbus es un camino (potencial) de dos vías para que fluya la información digital. El cableado de campo no tiene que ser tan extenso y hay menos conexiones debido al uso

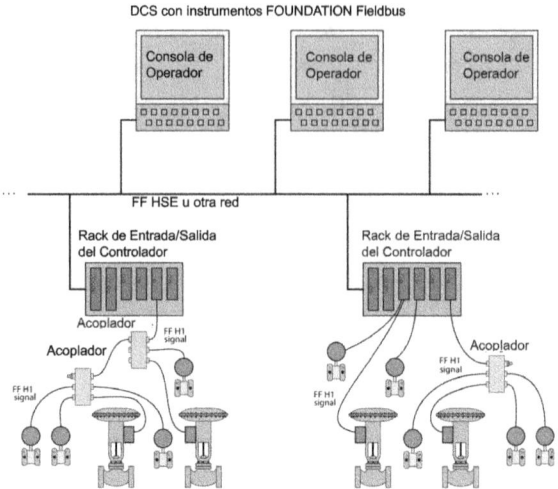

Figura 1.3: Sistema de control distribuido con dispositivos Foundation Fieldbus

de dispositivos de acoplamiento (acopladores) que permiten conectar varios instrumentos a un solo cable *home run* de red que lleva al DCS. Sin embargo, todavía los algoritmos de control se implementan en el DCS.

En un sistema FF, en contraste, se permite que los algoritmos de control estén ubicados en los instrumentos de campo en vez de esperar a que estén en los controladores DCS para que este ejecute las decisiones automáticas. De hecho, el DCS ni siquiera es imprescindible si no fuese por la necesidad de monitoreo por parte del personal de campo y de alteración del estado del sistema de control (Fig. 1.3).

Dicho sea de paso, es posible (y de hecho es común) que los algoritmos de control sean colocados en los controladores DCS además de los algoritmos que ejecutan los dispositivos de campo FF.

Cuando se estaba diseñando el estándar FF, se planearon dos niveles diferentes: una red de baja velocidad para la interconexión de instrumentos de campos en la forma de segmentos de red y una red de gran velocidad para ser usada como *backbone* de planta que transportase grandes cantidades de datos a largas distancias. La red lenta fue llamada *H1* mientras que la red veloz de planta fue llamada *H2*. Posteriormente durante el proceso de desarrollo del estándar FF se dieron cuenta de que la tecnología existente de *Ethernet* podía satisfacer todos los requerimientos de un backbone de alta velocidad, por lo que se decidió abandonar el trabajo en el estándar H2 y elaborar una extensión al estándar de 100 Mbps Ethernet que se llamó *HSE High Speed Ethernet* como el backbone de FF.

El grueso de este capítulo se enfocará en H1 más que en HSE.

1.2 Capa física H1 FF

En la capa 1 del Modelo de Referencia de la OSI es donde se definen los elementos físicos de una red de datos digitales. La red H1 FF tiene las siguientes propiedades:

- Cable de red de dos conductores (sin tierra)

- Impedancia característica de 100 ohm (nominal)

- La alimentación DC se suministra con los dos cables por los que se transportan los datos digitales

- Velocidad de datos de 31.25 kbps *data rate*

- Señalización de voltaje diferencial (Mínimo de transmisión de 0.75 volts pico-a-pico; umbral mínimo de recepción de 0.15 volts pico-a-pico)

- Codificación Manchester

Debido a que la alimentación de DC va por los mismos cables de los datos digitales, cada dispositivo sólo necesita conectarse a dos cables para que pueda funcionar en un segmento de red H1. La elección de una velocidad de datos relativamente lenta de 31.35 kbps permite que los cables no tengan que ser perfectos ni tampoco las terminaciones. La codificación Manchester porta el pulso de reloj de sincronización junto con los datos digitales lo que permite simplificar la sincronización entre dispositivos.

Como se puede ver, los parámetros de diseño de capa 1 fueron escogidos para hacer que las redes FF H1 fuesen fáciles de implementar en los severos ambientes industriales. La capa física de FOUNDATION Fieldbus es idéntica a la de Profibus-PA lo que simplifica aún más la instalación permitiendo el uso de algunas herramientas de validación de redes que ya existen para esta otra red.

1.2.1   Topología de Segmento

Un segmento FF H1 mínimo consta de una fuente de poder DC, un acondicionador de potencia, exactamente dos resistores de terminación (uno en cada extremo del cable), un cable de par trenzado apantallado y dos instrumentos FF. El cable que conecta cada instrumento a la unión más próxima se denomina *spur* (en algunas ocasiones *stub* o *drop*) mientras que el cable que interconecta todas las uniones a la fuente de poder principal (donde se ubica típicamente un *host* DCS) se denomina troncal *trunk* (o algunas veces *home run* en la sección que lleva directamente al sistema *host*) (Fig. 1.4).

Normalmente se suele encontrar más de dos dispositivos FF conectados a un cable troncal, así como un sistema *host* del tipo tarjeta FF DCS para mostrar los datos que provienen desde los instrumentos FF, realizar tareas de mantenimiento e integración con otro *loops* de control. Sin importar que haya muchos o pocos dispositivos conectados en un segmento H1, siempre tiene que haber exactamente dos resistores de terminación en cada segmento: uno en cada extremo del cable troncal. Estas redes de resistor y capacitor sirven al único propósito de eliminar las reflexiones de señal provenientes de los extremos del cable troncal, haciendo parecer que

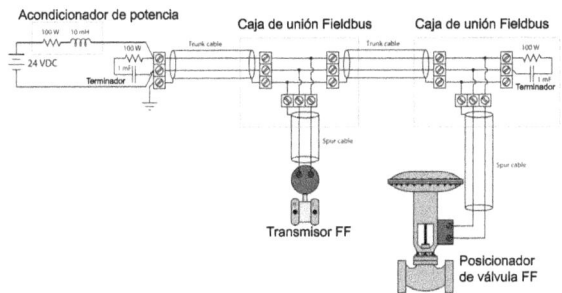

Figura 1.4: Estructura de Foundation Fieldbus

el cable tenga un largo infinito desde la perspectiva de la propagación de las señales de pulso. La ausencia de los terminadores resulta en reflexiones de señal desde los extremos no terminados del cable, mientras que si se usan más terminadores que los necesarios existe un efecto de atenuación indeseable de la fuerza de la señal (así como reflexiones de señal de fase opuesta).

Todas las redes H1 son esencialmente circuitos eléctricos paralelos en el que los dos terminales de conexión de cada instrumento de campo están paralelos uno con respecto al otro. La disposición física de estos transmisores puede variar sustancialmente. La forma más simple de interconectar dos dispositivos FF H1 es el método de *daisy-chain*, donde cada instrumento se conecta a dos porciones de cables formando una cadena ininterrumpida desde un extremo al otro del segmento (Fig. 1.5).

Aunque es ventajosa por lo simple, esta topología tienen una gran desventaja: es imposible desconectar cualquier dispositivo en el segmento sin que se interrumpa la continuidad eléctrica de la red. Al desconectar (y reconectar) cualquier dispositivo, necesariamente todos los dispositivos aguas-abajo pierden la señal, aunque sea por un breve lapso. Este es un defecto que no se acepta en la mayor parte de las aplicaciones.

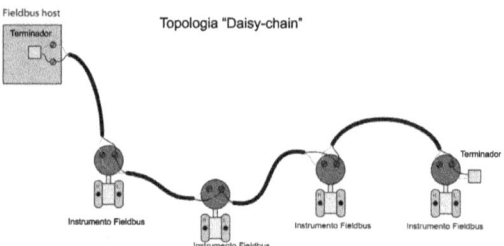

Figura 1.5: Interconexión de dispositivos Foundation Fieldbus

Una topología alternativa es la disposición en *bus* donde hay cables cortos *spur* que conectan los instrumentos a un cable troncal mayor. Los bloques de terminadores (e incluso los acoplamientos del tipo *quick disconect*) que están al interior de cada caja de unión, proporcionan un medio para desconectar los dispositivos en forma individual desde el segmento, sin interrumpir las comunicaciones de datos con otros dispositivos (Fig. 1.6).

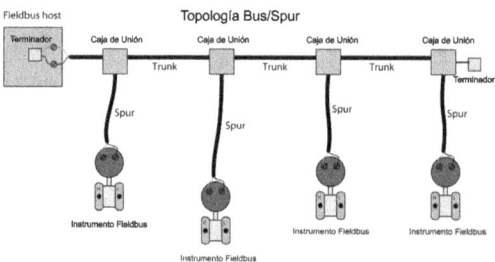

Figura 1.6: Bus Foundation Fieldbus

La disposición física ideal para una red bus es minimizar el largo de cada cable *spur*, de tal forma que se minimice la demora de las señales reflejadas desde los extremos no terminados: de los *drops*. Note que solamente se permiten dos resistores de terminación en cualquier segmento de red eléctricamente continuo, por lo que esta regla prohíbe la adición de terminadores al final de cada cable spur.

Otra topología existente para las redes H1 es la llamada *chicken-foot* donde un cable troncal largo termina en una unión multipunto con muchos dispositivos de campo y sus respectivos cables *spur* (Fig. 1.7).

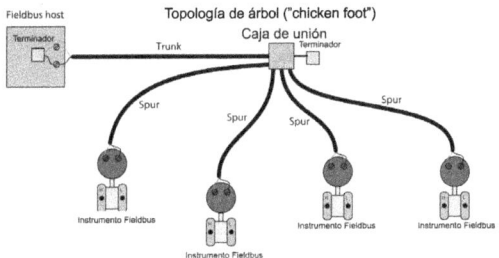

Figura 1.7: Conexión *chicken-foot* de Foundation Fieldbus

La mayor parte de los sistemas FF son una combinación de topologías de bus y de *chicken-foot*, donde los dispositivos de unión múltiple sirven como puntos de conexión para dos o más instrumentos de campo por unión.

1.2.2 Dispositivos de acoplamiento

Para simplificar la tarea de conectar dispositivos Fieldbus a cosas como un segmento de red, muchos fabricantes venden dispositivos de acoplamiento (frecuentemente llamados *bricks*) con piezas eléctricas de desconexión de tal forma que los usuarios finales no tengan que construir ni poner en marcha cajas de unión usando bloques terminales estándares. Se muestra una foto de un dispositivo de acoplamiento FieldBus de marca Turck, donde se muestran varios cables *spur* insertados en este (Fig. 1.8).

Los dispositivos de acoplamiento son altamente recomendados para todos los buses de campo industriales,

Figura 1.8: Cajas de conexión rápida Foundation Fieldbus

sean de tipo FF o de otro tipo. Estos dispositivos no solo proporcionan un medio conveniente para hacer conexiones mucho más confiables entre los instrumentos de campo y el cable troncal, sino que muchos de ellos están equipados con características como protección contra cortocircuito (de tal forma que un cable *spur* o instrumento de campo en cortocircuito no haga que el segmento por entero detenga la comunicación) e indicación de LED con el estado del *spur*.

Los cables que se conectan a un dispositivo de acoplamiento deben estar equipados con un *plug* especial que esté adaptado a los *sockets* del acoplador. Esto trae un poco de problema cuando haya que meter un cable a través de un tubo de instalación eléctrica (conduit): el *plug* voluminoso requiere un diámetro de tubo mayor que esté de acuerdo al ancho del *plug* o que el *plug* tenga que ser instalado al cable después que el cable haya sido empujado a través del tubo. Ambas soluciones son caras, la primera en términos de costo de capital y la segunda en costo de mano de obra. Por esta razón muchos instaladores no usan los tubos de instalación eléctricos a favor de los *ITC Instrument Tray Cable*.

Una foto del dispositivo de acoplamiento muestra muchos cables ITC y sus rutas a través del cable, a través de bandejas tipo cesta que se extienden entre instrumentos y tanques de proceso (Fig. 1.9).

Como resulta evidente en esta foto, la canalización ITC se debe vender con diferentes gradaciones de acuerdo a la resistencia a la luz directa del sol y a la humedad, así como a esfuerzo físico (abrasión, altas y bajas temperaturas y otros). El artículo 727 de National Electrical Code (NEC) define los usos aceptables y las instalaciones de ITC.

Un cable FF que esté correctamente apantallado y conectado a tierra es muy resistente frente a la interferencia de radiofrecuencia, sin embargo los dispositivos de acoplamiento tienen áreas débiles en las que la radio-interferencia podría penetrar el segmento. Existen diferentes tipos de dispositivos de acoplamiento que ofrecen diferentes niveles de

Figura 1.9: Foto de bandejas y cables ITC que transportan las señales Foundation Fieldbus

inmunidad frente al ruido RF *Radio Frequency*. Aquellos hecho de metal y bien unidos a la tierra estarán bien apantallados, mientras que aquellos hechos de plástico que tienen expuestos sus terminales de conexión ofrecen muy poca protección o ninguna. En cualquier caso, es una buena práctica evitar llevar un equipo portátil de radio (handy o walkie-talkie) en las cercanías de un dispositivo de acoplamiento Fieldbus.

1.2.3 Parámetros eléctricos

Las redes FOUNDATION Fieldbus H1 usan codificación Manchester para representar estados binarios: una transición de alto-bajo representa un cero lógico (0), mientras que una transición bajo-alto representa un uno lógico (1). La siguiente ilustración muestra como el flujo de datos 00100 podría ser representado en codificación Manchester (Fig. 1.10).

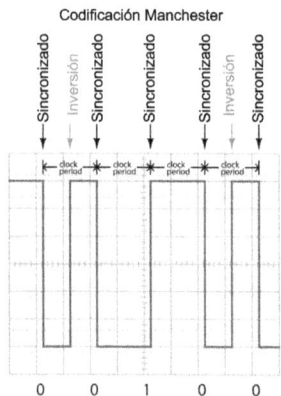

Figura 1.10: Codificación Manchester

Los dispositivos FF deben ser capaces de distinguir correctamente entre señales de subida y de bajada para que puedan interpretar correctamente los estados binarios de la señal codificada como Manchester. Cualquier dispositivo que interprete estos flancos en polaridad inversa podría invertir cada bit. Menos mal que este problema es fácil de evitar porque la potencia de DC de alimentación en el segmento H1 proporciona una ayuda para identificar qué cable es cuál, y por lo tanto para distinguir qué pulsos están subiendo y cuáles están bajando. Por esta razón, muchos (pero no todos) los dispositivos FF son insensibles a la polaridad del segmento de red y son capaces de compensar en forma adecuada.

Cada dispositivo FF consume al menos 10 mA de corriente desde el segmento y esta corriente no varía en la misma manera en que lo hace la corriente analógica de un dispositivo que trabaja con (4-20 mA). Las señales de Fieldbus no consisten en cambios suaves de corriente, sino que su variabilidad es digital. La cantidad de corriente que consume un dispositivo FF depende de la funcionalidad de ese dispositivo, algunos podrían requerir más corriente que otros. De 10 mA a 30 mA es considerado un buen rango para el consumo de corriente de cada dispositivo FF.

El rango de operación estándar de un dispositivo FF está entre 9 y 32 volts DC. Es importante notar que no todos los fabricantes de dispositivos respetan totalmente el estándar FOUNDATION Fieldbus, por lo tanto algunos no podrán funcionar correctamente con voltajes bajos (cera de 9 volts DC).

El voltaje mínimo de transmisión para un dispositivo FF es de 750 mV pico-a-pico mientras que el nivel mínimo de recepción de señal es de 150 mV pico-a-pico. Esto representa una atenuación aceptable de 5:1 o de -14 dB entre cualesquiera dos dispositivos.

1.2.4 Tipos de cables

El cable Fieldbus es calificado en base a un código de cuatro niveles (A, B, C o D), yendo de mayor a menor calidad (Tab. 1.1). Esta tabla presenta las especificaciones mínimas para cada tipo de cable FF:

Tenga en cuenta que el largo máximo de cable citado es el largo total del cable en un segmento: largo de troncal sumado al largo de todos los *spur*. Como regla general, el largo de los *spur* debe ser mantenido tan corto como sea posible. Es mejor tender el cable troncal en forma de serpentina hacia los dispositivos de acoplamiento para que estos queden cerca de los instrumentos de campo, que hacer un tendido recto del cable troncal. La siguiente ilustración muestra el contraste entre las dos ideas (Fig. 1.11).

Cuando se requieran mayores distancias en un segmento de red, se usan dispositivos llamados repetidores que sensan las señales codificadas en Manchester y las retransmiten entre cables troncales. Solo se pueden usar cuatro repetidores para extender un segmento H1.

Tabla 1.1: Niveles de clasificación de cables Foundation Fieldbus

Tipo cable	A	B	C	D
Calibre AWG	18	22	26	16
Impedancia	100 Ω ± 20%	100 Ω ± 30%	–	–
Apantallado	cada par	el cable	No	No
Par trenzado	Sí	Sí	Sí	Sí
Largo (m) máximo	1900	1200	400	200

1.2.5 Diseño de segmento

Existen muchos detalles que conspiran contra la cantidad de segmentos H1 que pueden cablearse, además de la limitación en el largo total del cable y de la máxima cantidad de repetidores. Para ayudar a los ingenieros y técnicos a lidiar con estos detalles los fabricantes frecuentemente ofrecen software gratuito de diseño de segmentos para pre-evaluar un diseño de segmento en un computador antes de comprar los componentes e instalarlos en el campo. Se muestra una foto de una propuesta de Emerson donde se muestra la disposición física de un segmento FF (Fig. 1.12).

Una característica interesante de estos paquetes de diseño de segmentos es que poseen una base de datos de componentes FF. Cada vez que se escoge un elemento particular para colocarlo en un segmento simulado el programa hace referencia a los parámetros eléctricos relevantes para el desempeño de este segmento. Claramente, cada fabricante tiende a favorecer sus propios equipos en desmedro de los otros, por eso estos softwares tienen un sentido principalmente de promoción y no son tan confiables

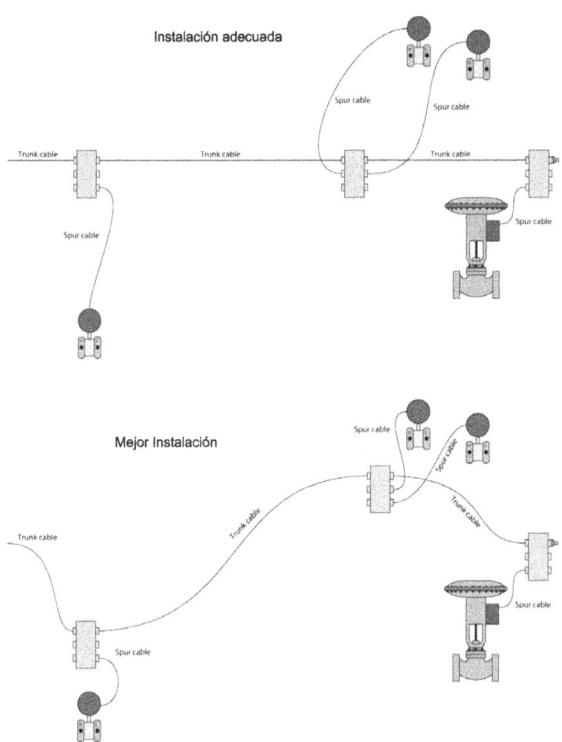

Figura 1.11: Modos de tendido de cables Foundation Fieldbus

en la parte técnica. A pesar del tema comercial del diseño, son extremadamente útiles en la fase de planeamiento de una red FF y deberían tenerse en cuenta siempre que sea posible.

Otra razón que justifica el uso de software de diseño de segmentos es documentar el cableado de cada segmento FF. Uno de los fallecidos a causa del nuevo paradigma Fieldbus es el diagrama tradicional de *loop* o *loop sheet*, cuyo propósito era documentar el cableado de señal que pertenece a cada *loop* de medición y control. En FOUNDATION Fieldbus el *loop* de control es virtual en vez de físico, está constituido por señales digitales enviadas entre instrumentos de campo. La trayectoria de estas señales está definida por la programación

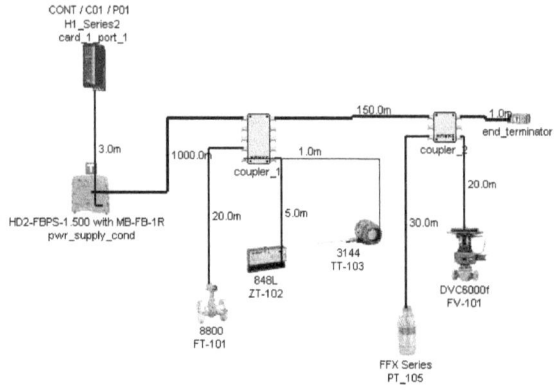

Figura 1.12: Segmento Foundation Fieldbus

del instrumento no por el tendido físico de un *loop*. La única cosa física del cableado que hay que documentar en un sistema FF es el segmento, cada segmento puede contener más de un *loop* de medición y control. A menos de que se invente un formato normalizado para los segmentos de redes Fieldbus, la imagen gráfica que ofrece la herramienta de diseño es tan buena como cualquier otra.

1.3   Capa de Enlace de datos H1 FF

En la capa 2 del Modelo de Referencia de la OSI es donde se definen los elementos de las redes de datos digitales. La red H1 FF tienen la siguientes propiedades:

- Comportamiento   Master-Slave en Comunicación Cíclica (Ejemplo, un dispositivo pide a los otros y los estos responden)

- Red de *token* delegado para Comunicación Acíclica (Ejemplo, Los dispositivos disponen cíclicamente de tiempo para difundir a voluntad)

- Dispositivo Dedicado Coordinador de las comunicaciones de todos los segmentos (*scheduler*)

- Campo de direccionamiento de 8-bits (de 0 a 255)

- 32 dispositivos vivos por segmento como máximo

En un segmento H1 operativo, un dispositivo llamado *Link Active Scheduler LAS* funciona como dispositivo maestro para coordinar todas las comunicaciones de la red. En el caso de transmisiones críticas en tiempo, el LAS pide a los instrumentos de campo que transmitan sus datos de control de proceso (variables de proceso, valores de salida del control PID y otras variables esenciales para el monitoreo del *loop* y el control) mientras que los restantes dispositivos responden a las consultas de LAS. Estas comunicaciones críticas ocurren en una forma regular por lo que se denominan comunicaciones *scheduled* o *cíclicas*. Las comunicaciones cíclicas operan en una forma de *master-slave* con el LAS actuando como el *master* (ordenando a los dispositivos esclavos que transmitan sus datos críticos) y con todos los dispositivos restantes actuando como esclavos: respondiendo solamente cando se lo pida el LAS.

Algunos períodos de tiempo entre estas transmisiones críticas se usan para el procesamiento interno del dispositivo (Ejemplo, Ejecución de un chequeo de diagnóstico de ejecución de un algoritmo) y también para transmisión de datos menos críticos. Es durante estas momentos acíclicos que los dispositivos reciben autorización desde el LAS en forma secuencial para que transmitan sus datos de menor importancia como los *setpoints* de operador, las actualizaciones de las constantes de *tuning* de PID, reconocimiento de alarmas y mensajes de diagnóstico. La comunicación acíclica opera de una manera similar al mecanismo de *token-passing* con el LAS generando *tokens* limitados en tiempo a otros dispositivos en secuencia, permitiéndoles que transmitan libremente cada vez que tengan algún dato que tengan que compartir.

La naturaleza planificada de la comunicación cíclica garantiza que haya un tiempo máximo de respuesta para las funciones de control críticas: una propiedad importante de las redes de control, llamada *determinismo*. Sin el determinismo un sistema de control no puede confiar en que se puedan realizar funciones críticas regulatorias a tiempo y de secuenciamiento de las funciones de control tales como, PID, sumadores, sustractores, multiplicadores y otras de este estilo que puedan resultar comprometidas.

1.3.1   Direccionamiento de dispositivos

Los dispositivos FOUNDATION Fieldbus (también llamados nodos) son direccionados por un número binario de 8-bits cuando funcionan en un segmento H1. Este campo de número binario soporta en forma natural un rango de direccionamiento máximo de 0 - 255 (decimal) o de 00 a FF hexadecimal. Este rango de direccionamiento está dividido en los siguiente intervalos por FOUNDATION Fieldbus (Tab. 1.2).

Normalmente es el sistema *host* (típicamente un DCS con capacidad FF) del segmento el que asigna las direcciones para que los dispositivos funcionen. También es posible hacer que los dispositivos FF vengan configurados de fábrica con direcciones específicas. Los sistemas *host*s generalmente se configuran para que determinen automáticamente las direcciones de los dispositivos en vez de requerir la intervención de un técnico o ingeniero para que asigne manualmente cada dirección. Esto hace que el proceso de comisionamiento sea más conveniente.

El número máximo de dispositivos permanentes (instrumentos de campo instalados) permitidos en un segmento H1 es de 32 por razones operativas, como se puede notar el esquema de direccionamiento ofrece más direcciones que estas 32. Una de las tareas que tiene un dispositivo LAS es averiguar qué dispositivos están conectados en el segmento. Esto se hace

Tabla 1.2: Direcciones de dispositivos Foundation Fieldbus

Intervalo de direcciones (decimal)	Intervalo de direcciones (hexadecimal)	Uso
0 -> 15	00 -> 0F	Reservado
16 -> 247	10 -> F7	Dispositivos Permanentes
248 -> 251	F8 -> FB	Dispositivos nuevos o en desuso
252 -> 255	FC -> FF	Dispositivos temporales
252 -> 255	FC -> FF	Dispositivos (visitantes)

de uno en uno, de forma que secuencialmente se interrogue usando una dirección no asignada dentro del rango de las direcciones válidas. Esto representa un gran gasto de tiempo considerando que hay más de 200 números de direcciones válidos. Una solución a este problema es especificar un rango de direcciones no usadas para que el LAS pueda saltárselas, de tal forma que no tenga que gastar tiempo averiguando si hay dispositivos (nodos) dentro de un rango determinado. Este rango de direcciones se especifica como un conjunto de dos números: uno llamado First Unused Node (*FUN*) y otro especificando el número de nodos sin uso *Number of Unused Nodes*. Por ejemplo, si uno deseara que el LAS de un segmento H1 en particular se salte las direcciones de 40 hasta 211, uno podría configurar el FUN=40 y el NUN=172, puesto que el rango de direcciones de 40 a 211 consta de 172 direcciones (incluyendo 40 y 211).

Aún con el máximo operacional de 32 dispositivos en un segmento H1, es raro encontrar segmentos que tengan más de 16 dispositivos. Una razón para esto es la velocidad:

cada dispositivo adicional requiere tiempo para difundir y procesar datos, el tiempo total de macrociclo (el período de tiempo entre entregas garantizadas de los mismos datos de proceso desde cualquier dispositivo, el tiempo determinístico) debe incrementarse necesariamente. De acuerdo a la guía de recomendaciones de ingeniería de FOUNDATION Fieldbus, no puede haber más de 12 dispositivos en un segmento (sin incluir no más de dos elementos finales de control) para llegar a un tiempo de macrociclo de 1 segundo o menos. Para tiempos de actualización de medio segundo, se recomienda un máximo de seis dispositivos (con no más de dos elementos finales de control), con un cuarto de segundo, el límite cae a un total de tres dispositivos, con no más de un dispositivo final de control. El tiempo de macrociclo es esencialmente tiempo muerto y es peor que el *lag time* de cualquier tipo de control realimentado. Al intentar controlar ciertos procesos rápidos (como la presión de líquidos y caudales), los tiempos muertos del orden de un segundo son la receta para la inestabilidad.

Otro límite para el número de direcciones operacionales en un segmento H1 es el consumo de corriente. Los dispositivos FF consumen 10 mA de corriente como mínimo. Un segmento FF con 16 dispositivos conectados en paralelo podría ver una corriente total de 160 mA como mínimo, con un valor más realista de 300 mA.

Aparte de la dirección de red, cada dispositivo FF porta un identificador único absoluto (un número binario de 32 bytes) que los distingue unívocamente de cualquier otro dispositivo FF existente. Este identificador sirve para el mismo propósito que la dirección MAC en un dispositivo Ethernet. Sin embargo, el campo identificador de un dispositivo FF permite una cantidad mayor que Ethernet: 32 bytes en los instrumentos FF v.s. 48 bits de los dispositivos Ethernet. Mientras que las direcciones MAC Ethernet ofrecen 2.815×10^{14} dispositivos únicos, los identificadores FF permiten 1.158×10^{77} dispositivos! La distinción entre las direcciones de red de un dispositivo FF y el identificador

Tabla 1.3: Estructura de un identificador Foundation Fieldbus

Primeros 6 bytes	4 bytes del centro	Últimos 22 bytes
Código del fabricante	Código del tipo de dispositivo	Número serial

de dispositivo es casi la misma que entre la dirección IP de un dispositivo de usuario final en una red Ethernet y la dirección MAC que le asigna el fabricante.

El valor de este identificador se expresa usualmente como 32 caracteres codificados en ASCII por brevedad (un caracter alfanumérico por byte) y está subdividido en grupos de bytes como sigue (Tab. 1.3).

Por ejemplo, los identificadores para todos los dispositivos de marca Fisher comienzan con los primeros seis caracteres 005100. Los identificadores para todos los dispositivos Smart comienzan con los caracteres 000302. Los identificadores para todos los dispositivo de marca *Rosemount* comienzan con 001151. Un identificador típico (este en particular es un posicionador de válvula Fisher modelo DVC5000f) se muestra:

005100 0100 FISHERDVC0440761498160

Normalmente, estos identificadores aparecen como cadenas de 32 caracteres, sin ningún espacio. Se han insertado espacios dentro de la cadena para destacar los grupos.

1.3.2 Administración de Comunicación

En un segmento de red FF, el dispositivo LAS coordina todas las comunicaciones entre los dispositivos del segmento. Entre las muchas responsabilidades de LAS están las siguientes:

- Pedirle a los dispositivos que no sean el LAS, que transmitan sus datos hacia el segmento, para esto se usan mensajes del tipo *Compel Data CD* emitidos a intervalos regulares y a dispositivos específicos (uno a la vez)

- Otorgar permiso a los dispositivos que no sean LAS para que se comuniquen usando mensajes de *Pass Token PT*, que deben ser generados durante los intervalos de tiempo no planificados y dirigidos a dispositivos específicos (uno a la vez, en orden ascendente del número de dirección)

- Mantener todos los dispositivos de segmento sincronizados con un mensaje regular de tipo *Time Distribution*

- Buscar nuevos dispositivos en el segmento con un mensaje de tipo *Probe Node*

- Mantener y publicar una lista de todos los dispositivos activos en la red *live list*

Comunicación planificada v.s. comunicación no planificada

Como se ha mencionado anteriormente, las redes de comunicación Fieldbus H1 pueden ser divididas en dos grandes categorías: *scheduled* (Cíclica) y *unscheduled* (Acíclica). Los eventos de comunicaciones planificadas *scheduled* están reservados para el intercambio de datos de control críticos como mediciones de variable de proceso, *setpoints* de cascada y comandos de posicionamiento de válvulas. Las comunicaciones planificadas ocurren en forma regular, controladas por reloj a fin de que el determinismo del *loop* esté garantizado. Las comunicaciones no planificadas, por contraste, son la vía por la que todos los otros datos se envíen en un segmento H1. Los cambios de *setpoint* manuales, las actualizaciones de configuración, las alarmas y otras transferencias de datos de menor importancia son intercambiados entre dispositivos en intervalos de tiempo entre los instantes en que se efectúan los eventos de comunicación planificada.

Ambas formas de comunicación están orquestadas por un dispositivo LAS, del cual solo puede haber uno a la vez en un segmento H1. Los dispositivos LAS envían mensajes a dispositivos que no sean LAS ordenándoles (o simplemente autorizándolos a) que difundan sus mensajes uno a la vez. Cada mensaje de *token* emitido por el LAS garantiza los derechos de transmisión a un dispositivo FF ya sea para un propósito limitado (Ejemplo, para que se le permita transmitir un mensaje específico) o por un tiempo limitado (Ejemplo, otorgarle al dispositivo la libertad para transmitir lo que desee durante una corta duración), después de lo cual los derechos de transmisión vuelven al LAS. Los *tokens* CD son específicos a mensaje: cada uno que emita el LAS le ordena a un dispositivo único que responda inmediatamente con una difusión de algunos datos específicos. Así es como las comunicaciones cíclicas *scheduled* se administran. Los *tokens* PT son de tiempo específico: cada una de las autorizaciones emitidas por el LAS le garantiza a un dispositivo único el tiempo libre para transmitir datos de menor importancia: así es como las comunicaciones acíclicas *unscheduled* entre los dispositivos se administran.

El LAS también puede emitir un tipo de mensaje de *token*: el *Probe Node* (PN) que está dirigido a que se genere una respuesta desde cualquier dispositivo conectado al segmento de red.

Aparte de transmitir *tokens* (los cuales por definición son mensajes que otorgan permisos a otro dispositivo para que transmita a la red) los LAS también difunden otros mensajes necesarios para el funcionamiento de un segmento H1. Por ejemplo, el mensaje *Time Distribution* (TD) emitido en forma regular por el LAS mantiene los relojes internos de cada dispositivo sincronizados, lo cual es importante para la transferencia coordinada de datos.

Una de las tareas internas del LAS (que no requiere difusión hacia redes) es el mantenimiento de la *live list*, que es una lista de dispositivos conocidos que funcionan en un segmento de red. Los dispositivos nuevos que responden al mensaje *Probe Node* serán agregados a la *live list* cuando sean detectados. Los dispositivos que no puedan devolver el *token* PT dirigidos a ellos son eliminados de la *live list* después de efectuado un dado número de intentos. Cuando existen LAS de respaldo en el segmento, el LAS también les envía copias actualizadas de la *live list* de tal forma que puedan tener la versión más actualizada posible cuando se de el momento de reemplazar al LAS original ante el evento de una falla del dispositivo.

Un alto tráfico de comunicaciones planificadas (*tokens* CD y sus respuestas) dificulta el intercambios de datos acíclicos en forma sustancial si en un segmento H1 ocupado hubiese múltiples dispositivos intercambiando datos entre ellos. Como sería el caso de un dispositivo que tuviese que mantener una larga lista de pedidos de cliente-servidor en una cola, ya que los pedidos solo pueden ser direccionados durante una ranura de tiempo acíclico asignado (Ejemplo, cuando se le haya otorgado el *token* PT desde el LAS), es muy posible que el *token* PT expire antes de que las transacciones de todos los dispositivos hayan sido completadas. Esto significa que el dispositivo deberá esperar hasta el próximo período acíclico antes de que pueda terminar todas las tareas encomendadas por comunicaciones no planificadas que tenga encoladas (esperando ser atendidas en una cola). FOUNDATION Fieldbus recomienda que los segmentos H1 nuevos estén configurados para que no haya más de un 30% de comunicaciones planificadas durante cada macrociclo (70% de tiempo no planificado). Esto podría dejar un gran cantidad de tiempo libre para que puedan efectuarse todas las comunicaciones acíclicas sin que éstas tengan que esperar rutinariamente durante varios macrociclos.

Relaciones de Comunicación Virtuales

Un término que se encuentra frecuentemente en la literatura FF es *VCR* o Relación de Comunicación Virtual. Hay tres tipos diferentes de VCRs en FF, que describen las tres formas mediante las cuales se comunican los datos entre dispositivos FF:

- Editor/Suscriptor (planificado), también conocido como *Buffered Network-Scheduled Unidirectional (BNU)*

- Cliente/Servidor (no planificado), también conocido como *Queued User-Triggered Bidirectional (QUB)*

- Fuente/Consumidor (No planificado), también conocido como *Queued User-Triggered Unidirectional (QUU)*

Publisher/Subscriber: este VCR describe la acción del *token* Compel Data. El LAS llama a un dispositivo específico en la red para transmitir datos específicos para fines de control de tiempo crítico. Cuando el dispositivo direccionado responda con sus datos habrá varios dispositivos en la red que están suscritos a estos datos y por lo tanto lo recibirán en forma simultánea. El modelo VCR de tipo *Publisher/Subscriber* es muy determinístico.

Client/Server: este VCR describe una clase de comunicación no planificada que se permite cuando un dispositivo recibe un mensaje de Pass Token (PT) desde el LAS. Cada dispositivo mantiene una cola (lista) de pedidos de datos emitidos por otros dispositivos (clientes) y les responde en orden tan pronto como reciba el Pass Token. Al responder los pedidos de un cliente el dispositivo actúa como un servidor. Igualmente, cada dispositivo puede usar este tiempo para actuar como cliente para emitir sus propios pedidos a otros dispositivos, los cuales actuarán como clientes cuando reciban el *token* PT desde el LAS. Así es como los mensajes no críticos como los de mantenimiento y los datos de configuración del dispositivo; los cambios de *setpoint* del operador, los mensajes de alarma, los reconocimientos de alarma y los valores de tuning del PID y otros son intercambiados entre dispositivos en un segmento H1. Las comunicaciones Client/Server se verifican contra la corrupción de los datos en los receptores para asegurar el flujo confiable de datos.

Source/Sink también llamado Report Distribution: este VCR describe otra clase de comunicación no planificada, que se permite cuando un dispositivo recibe un mensaje Pass Token (PT) desde el LAS. En este caso un dispositivo envía datos a una dirección grupal que representa muchos dispositivos. Las comunicaciones Source / Sink no se chequean contra corrupción de datos como las comunicaciones client/server.

Una analogía para que tenga sentido el VCR es imaginar líneas entre los dispositivos FF de un segmento que conectan varios mensajes hacia otros dispositivos. Cada línea representa una transmisión individual que debe efectuarse en algún momento durante el macrociclo. Cada línea es un VCR, algunos manejados de una forma diferente que otros, algunos con datos más críticos que otros, pero todos no son más que eventos de comunicación en el tiempo. Posteriormente, en este capítulo, cuando se vean los bloques de funciones que se conectan juntos para formar sistemas de control, piense que los VCRs son las líneas que conectan los bloques en diferentes servicios.

1.3.3   Capacidades de los dispositivos

No todos los dispositivos FF son igualmente capaces en términos de las funciones de capa 2. El estándar FF divide la funcionalidad de los enlaces de datos en tres grupos distintos, los que se muestran aquí en orden creciente de capacidad:

- Basic devices (Básicos)

- Link Master devices (Maestro de Enlace)

- Bridge devices (puentes)

Un dispositivo básico es aquel capaz de recibir y de responder a los *tokens* emitidos por el dispositivo LAS. Como se ha discutido previamente estos *tokens* pueden adoptar la forma de mensajes de *Compel DATA (CD)*, los que solicitan respuesta inmediata a los dispositivos básicos, o mensajes de tipo Pass Token (PT) los cuales otorgan a los dispositivos básicos acceso limitado en tiempo al segmento para difundir en este datos de menor importancia.

Un dispositivo Link Master es aquel con la habilidad para ser configurado como el LAS de un segmento. No todos los dispositivos FF tienen esta capacidad debido a la capacidad de procesamiento limitada, la memoria o a ambos.

Un dispositivo Bridge une varios segmentos H1 para formar una red de mayor tamaño. Los instrumentos de campo nunca podrán ser *Bridge* (un *Bridge* es un dispositivo de propósito especial construido únicamente para unir dos o más segmentos de redes H1).

1.4 Bloques de funciones FF

Los datos que manipulan los sistemas FF están organizados en módulos conocidos como *function blocks*. Algunos de estos bloques sirven solamente para catalogar datos, mientra que en otras instancias, los bloques ejecutan ciertos algoritmos específicos útiles para las mediciones y el control de procesos. Estos bloques no son entidades físicas sino que son objetos abstractos de software – existen como bits de datos e instrucciones en la memoria del computador. Si embargo, los bloques están representados en la pantalla del computador como objetos rectangulares con puertos de entrada en el lado izquierdo y puertos de salida en el lado derecho. Las construcción de un sistema de control que incluya dispositivos FF consiste en unir las salidas de ciertos bloques con las entradas de otros bloques de función a través de un software de configuración y herramientas basadas en computador. Esto usualmente consiste en hacer líneas de conexión entre los puertos de salida y de entrada de diferentes bloques de función.

1.4.1 Bloques de función analógicos v.s. bloques de función digitales

La programación usando bloques de funciones se parece en general a la filosofía de diseño de los sistemas de computadores analógicos donde las funciones específicas (suma, sustracción, multiplicación, *ratio*, integración en el tiempo, limitación y otros) estaban encapsulados en circuitos operacionales discretos y donde el sistema como un todo estaba construido mediante la conexión de los bloques de función para formar un patrón que era el indicado para conseguir un objetivo de diseño. Aquí, con la programación FieldBus, los bloques de función son virtuales (bits y estructuras de datos en memoria digital) en vez de ser circuitos reales analógicos y las conexiones entre ellos son solamente asignaciones de punteros en memoria digital en vez de cables de conexión entre tarjetas de circuitos.

Un ejemplo que contrasta el diseño de circuitos analógicos con el diseño de bloques de función se muestra aquí, ambos sistemas seleccionan la señal de mayor temperatura para emitirla a la salida. El sistema en el lado izquierdo recibe una señal analógica de voltaje desde tres sensores de temperatura usando una red de amplificadores operacionales, diodos y resistores para seleccionar la señal de mayor voltaje y conseguir que se emita a la salida. El sistema que está a la derecha usa tres transmisores Fieldbus para sensar la temperatura, seleccionando la mayor temperatura por medio de un algoritmo que se ejecuta en un dispositivo Fieldbus (podría ser uno de los transmisores FF o aún otro dispositivo en el segmento) (Fig. 1.13).

FOUNDATION Fieldbus hace abstracción de la noción de los módulos de circuitos discretos para realizar tareas compartimentadas con algoritmos de software, conecta estos algoritmos con un conjunto de asignaciones de comunicación en las que los bloques de funciones difunden sus datos de

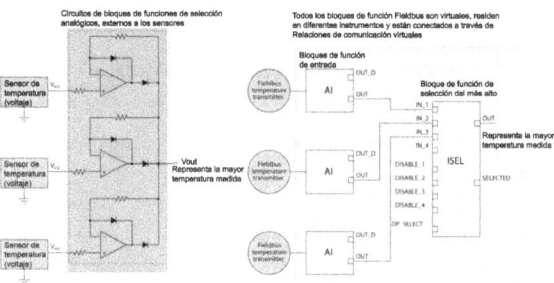

Figura 1.13: Uso de bloques de función Foundation Fieldbus

salida a la red y los bloques de recepción escuchan las difusiones en los momentos adecuados.

1.4.2 Ubicación de los bloques de función

Usualmente hay alguna libertad para ubicar los bloques de función en un segmento FF. Por ejemplo, un *loop* de control de caudal, donde el transmisor de caudal necesita medir datos de caudal e insertarlos en un bloque de función de un control PID, el cual entonces maneja una válvula de control a la posición necesaria para regular el caudal. La disposición física real del dispositivo puede lucir como esta (Fig. 1.14).

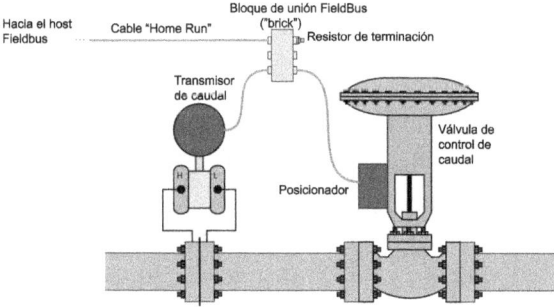

Figura 1.14: Disposición física de un loop que utiliza bloques de función

Las conexiones de bloques de función necesarios para que funcione el esquema de control se muestra en el siguiente diagrama. Se acopla la entrada de un bloque AI (*analog input*) que está localizado en el transmisor, con el bloque de control PID y el bloque AO (*analog output*) que está en el posicionador de válvula (Fig. 1.15).

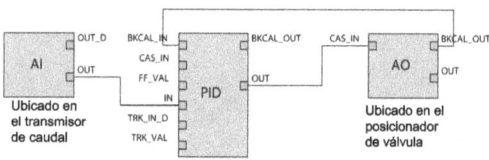

Figura 1.15: Implementación de un sistema de control con bloques de funciones Foundation Fieldbus

Todas las entradas de los bloques de función están en el lado izquierdo de los bloques y todas las salidas están en el lado derecho. En este programa de bloques de funciones, los datos provenientes de un bloque AI entra en el bloque PID. Después de calcular el valor apropiado de la salida, el bloque PID envía datos hacia el bloque de salida analógica (AO) donde el elemento final de control (Ejemplo, válvula, motor de velocidad variable) es ajustado. El bloque AO, a su vez, envía una señal de *back calculation* hacia el bloque PID para darle a conocer que el elemento final de control ha alcanzado satisfactoriamente el estado solicitado por la salida del bloque PID. Esto es importante para la eliminación del *reset windup* en el caso de que el elemento final de control no pueda responder a la señal de salida del bloque del PID (solo si estuviese fallado).

Podría parecer obvio que el bloque de entrada analógica (AI) deba estar en el transmisor, simplemente porque solamente el transmisor es capaz de medir el caudal de proceso. Igualmente puede ser obvio que el bloque de salida analógica (AO) debe estar en el posicionador de la válvula de control, simplemente porque la válvula es el único dispositivo

capaz de manipular (ejerciendo influencia) cualquier cosa.
Sin embargo, debido a que no hay un dispositivo controlador
por separado, la persona que configure el *loop* de Fieldbus
podría elegir la ubicación del bloque PID en el transmisor o
en el posicionador de válvula. Mientras ambos dispositivos
FF tengan capacidad de bloques de función PID, ambas
ubicaciones serán admisibles para ubicar el bloque de función
PID.

La siguiente ilustración muestra las dos ubicaciones
posibles para el bloque de función PID (Fig. 1.16).

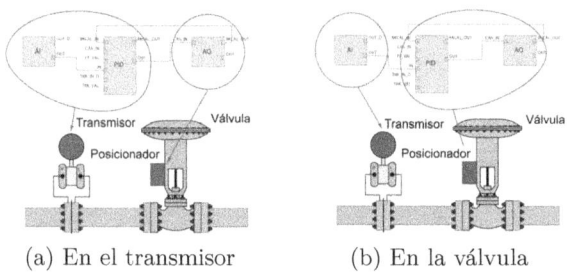

(a) En el transmisor   (b) En la válvula

Figura 1.16: Distintas ubicaciones para instalar un bloque
PID Foundation Fieldbus

El único factor que favorece una ubicación sobre la otra
es la cantidad de difusiones de comunicación necesarias por
macrociclo (distribución de *tokens* de *Compel Data* y sus
respuestas). Note las líneas que conectan los bloques de
función entre los dos instrumentos en el diagrama anterior
(las líneas cruzan desde una burbuja azul a la otra). Cada una
de esas líneas representa un *VCR (Virtual Communications
Relationship)* – una instancia durante cada macrociclo donde
los datos se transmiten sobre el segmento de red desde un
dispositivo a otro. Con el bloque de función PID ubicado en
el transmisor de caudal hay dos líneas que conectan el bloque
PID desde el transmisor de caudal hacia el bloque AO en
el posicionador de válvula. Con el bloque de función PID
ubicado en el posicionador de válvula, solamente hay una
línea que conecta el bloque AI en el transmisor de caudal con

el bloque PI en el posicionador de válvula. Así, ubicar al
bloque de función PID en el posicionador de válvula significa
que solamente un mensaje CD y una respuesta es necesaria
por macrociclo, lo que hace más eficiente la comunicación en
la red.

Para ilustrar la diferencia que produce esta re-ubicación
del bloque PID se puede examinar el diagrama de bloques de
función y la temporización del macrociclo de un *loop* FF de
control de presión simple, hospedado en un sistema de control
distribuido de *Emerson DeltaV*. La primera foto muestra
el diagrama del bloque de función y la planificación con el
bloque de función PID ubicado en el transmisor (PT_501)
(Fig. 1.17).

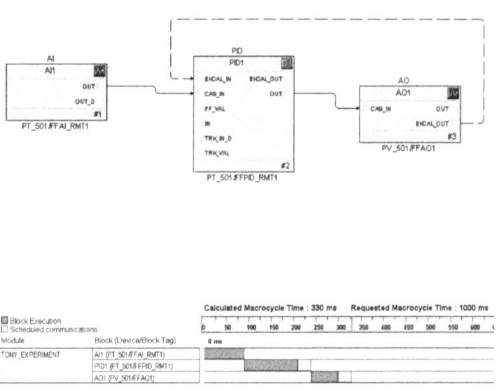

Figura 1.17: Bloque de función PID ubicado en el transmisor
(PT_501)

Note que hay dos eventos de comunicación planificada
(*tokens* CD y sus respuestas) necesarios en la planificación de
macrociclo para posibilitar la comunicación entre el bloque
de función del transmisor de presión PT_501 y el bloque
de salida analógico del posicionador de válvula PV_501. El
tiempo de macrociclo mínimo para este loop de control es de
330 ms.

Ahora, examine el mismo sistema de control de presión PID moviendo el bloque de función a la válvula. Aquí se ve el diagrama de bloque de función seguido inmediatamente por la planificación de macrociclo actualizada (Fig. 1.18).

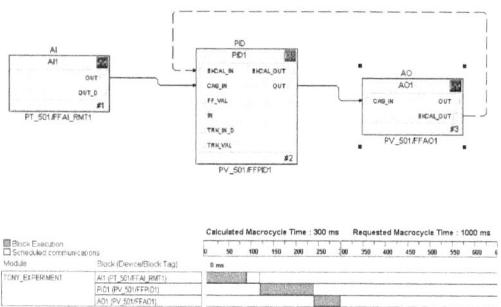

Figura 1.18: Bloque de función ubicado en la válvula

Note que el tiempo de macrociclo es de 30 ms menor que antes (300 ms en total, en contraste con los 330 ms de antes), puesto que hay un evento de comunicación planificada menos. Esto representa una reducción de tiempo de casi el 10% comparando con el ejemplo anterior, simplemente asignando un bloque de función a un dispositivo diferente en el segmento.

1.4.3 Bloques de función estándar

El estándar FF especifica muchos bloques de funciones diferentes para los algoritmos de control. Diez se consideran los bloques de función FF básicos:

- AI – Analog Input

- AO – Analog Output

- B – Bias

- CS – Control Selector

- DI – Discrete Input

- DO – Discrete Output

- ML – Manual Loader

- PD – Proportional/Derivative control

- PID – Proportional/Integral/Derivative control

- RA – Ratio

Hay diecinueve bloques de función avanzados que se incorporan en el estándar FF:

- Pulse Input

- Complex Analog Output

- Complex Discrete Output

- Step Output PID

- Device Control

- Setpoint Ramp

- Splitter

- Input Selector

- Signal Characterizer

- Dead Time

- Calculate

- Lead/Lag

- Arithmetic

- Integrator

- Timer

- Analog Alarm

- Discrete Alarm

- Analog Human Interface

- Discrete Human Interface

También se especifican cinco bloques de funciones más:

- Multiple Analog Input

- Multiple Analog Output

- Multiple Digital Input

- Multiple Digital Output

- Flexible Function Block

El
principal beneficio de la normalización (o estandarización) es
que el usuario final pueda escoger instrumentos FF fabricados
por cualquier vendedor que cumpla con el estándar y cuyos
bloques de función sean equivalentes con cualquier otro
fabricante del modelo de dispositivo FF. Hay ejemplos de
fabricantes que han equipado a sus dispositivos FF con
bloques de función con capacidad extendida yendo más allá
del estándar FOUNDATION Fieldbus y el usuario debe estar
al tanto de esto.

1.4.4 Bloque de función específicos de dispositivo

Aparte de los bloques de función necesarios para construir
esquemas de control. Los instrumentos FF contienen un
bloque *Resource* y usualmente uno o más bloques *Transducer*
que describen los detalles específicos de ese instrumento. La
foto siguiente muestra todos los bloques de función de un
transmisor *Fieldbus 3095MV de Rosemount* (Fig. 1.19).

El bloque *Resource* aparece primero en la lista seguido por los bloques de transductor y posteriormente por una paleta de bloques de función generales para su uso en la construcción de algoritmos de control. La información que poseen los bloques *Resource* de un instrumento FF incluye lo siguiente:

- Identificador (un código de 32 bytes único para cada dispositivo FF)

- Tipo de dispositivo

- Nivel de revisión del dispositivo

- Capacidad de memoria total y memoria libre

- Tiempo de Computación

- Listado con las características disponibles

- Estado actual del dispositivo (Inicializando, en espera, en línea, fallado y otros)

```
RESOURCE
TRANSDUCER1100
TRANSDUCER1200
TRANSDUCER1300
FFAI_RMT1
FFAI_RMT2
FFAI_RMT3
FFAI_RMT4
FFAI_RMT5
FFAO_RMT1
FFARTHM1
FFCTLSEL1
FFINT1
FFISELX1
FFPID_RMT1
FFSGCR1
FFSPLTR1
```

Figura 1.19: Bloques de función de un transmisor *Fieldbus 3095MV de Rosemount*

Los bloques de transductor proporcionan una forma de organizar datos relevantes para las entradas reales de sensores, de las salidas, de las variables calculadas y un display gráfico de un dispositivo FF. No es necesario que haya una correspondencia uno-a-uno entre el número de bloques de transductores en un dispositivo FF y el número de canales I/O que tenga.

Por ejemplo, en el transmisor multivariable *3095MV de Rosemount*, el bloque de transductor 1100 manipula todas las entradas de mediciones físicas (sensores de presión y de temperatura) mientras que el bloque de transductor 1200 se reserva para inferir el caudal másico (basado en cálculos realizados sobre las mediciones crudas de sensores) y el bloque transductor 1300 manipula datos para el display de cristal líquido (LCD).

1.4.5 Propagación del estado

Como se ha mencionado antes la programación de los bloques funcionales se parece mucho a los bloques analógicos de diseño de circuitos, en el que las tareas específicas se dividen en elementos discretos. Estos elementos están interconectados para formar un sistema mayor que tenga una funcionalidad más compleja. Una de las distinciones más importantes entre los bloques de función analógicos antiguos y el bloque de función FF de programación es el contenido de los datos en las líneas que unen los bloques. En el mundo analógico, cada línea de conexión (cable) transporta exactamente una pieza de información: una sola variable representada en forma analógica por una señal de voltaje. En el mundo de Fieldbus, cada línea de conexión no solo transporta los valores numéricos de la variable, sino que también el estado y en algunos casos la unidad de ingeniería (una unidad de medición).

La inclusión del estado junto con los datos es un concepto poderoso, que tiene sus orígenes en la práctica científica. Los científicos, por regla general, hacen el mayor esfuerzo para reportar el grado de confianza que está asociado con los datos de que publican a partir de la realización de experimentos. Los datos son importantes, pero también lo es el grado de certeza con los que los datos se han obtenido. Obviamente, los datos que se obtienen con instrumentos de menor calidad (gran incertidumbre) tendrá diferente significado que los datos adquiridos con instrumentos de gran exactitud y gran precisión (baja incertidumbre). Cualquier científico que quiera basar su trabajo teórico en un conjunto de datos científicos publicados por otro científico tendrá una medida del significado de los datos – un detalle muy valioso.

Cuando este concepto se implementa en un dispositivo FF, los datos publicados por este solo serán tan buenos como sea la salud de ese dispositivo. Un transmisor FF que tenga fluctuaciones de medición ruidosas podría estar cerca de fallar, por lo que los datos publicados deben ser tratados con escepticismo. Puesto que los dispositivos FF son inteligentes *smart* (lo que significa entre otras cosas, que poseen capacidad de auto-diagnóstico) tienen la capacidad de etiquetar sus datos propios como *Bad* si se detectara una falla interna. Los datos aún se publican y se envían a los bloques de función FF pero el estado enviado junto con los datos advierte acerca de la incertidumbre a los bloques aguas-abajo.

Las tres condiciones principales de estado que se asocia a cada señal que se intercambian los bloques de función FF son:

- *Good*

- *Bad*

- *Uncertain*

También se usan subestados para delinear mejor la naturaleza de la incertidumbre. *Sensor Failure* es un ejemplo de un valor de sub-estado, que describe la razón por la que hay un estado *Bad*.

En computación, se dice *Garbage In equals Garbage Out GIGO* entrada de basura = salida de basura. No existe ningún algoritmo, sin importar lo avanzado que sea, que pueda garantizar datos buenos de salida si los datos de entrada son malos. Este principio funciona en los bloques de función FF de programación, en los que los bloques están configurados para cambiar el modo cuando el estado de la entrada sea detectado como *Bad* o *Uncertain*

Además, los valores de estado se propagan desde el bloque original hacia abajo, hasta el último bloque de función en la cadena, reflejando el efecto de una incertidumbre de la señal de entrada en todas las salidas de función consecutivas. Por ejemplo, un bloque de entrada analógica (AI) que envíe una señal con estado *Bad* a la entrada de la variable de proceso de un bloque de control PID tendrá el estado *Bad* propagado a la salida del bloque PID. Cualquier bloque de función que reciba la señal de salida del bloque PID detectará el estado *Bad* y propagará a su vez, el estado a sus señales de salida.

1.4.6 Modos de bloques de función

Todos los bloques de función FF deben soportar múltiples modos de operación, describiendo cómo el bloque debiese ejecutar la función que le corresponde. Se pueden encontrar varios modos para los bloques de función FF, aunque no todos los bloques de función FF soportan todos esos modos:

- **OOS** (Out Of Service) – todos los bloques de función necesitan soportar este modo, donde el bloque congela la salida en el último valor calculado y agrega un valor de estado *Bad*

- **Man** (Manual) – la salida del bloque queda determinada por el control humano

- **Auto** (Automatic) – el bloque de función procesa información normalmente

- **Cas** (Cascade) – el bloque de función procesa información normalmente

- **Iman** (Initialization Manual) – la salida del bloque se fija en el último valor calculado, debido a que el camino de la señal de salida no está completo

- **LO** (Local Override) – la salida del bloque se fija en su último valor calculado debido a la detección de una falla interna del dispositivo

- **RCas** (Remote Cascade) – el bloque de función procesa información normalmente basado en un *setpoint* enviado desde una fuente remota hacia la entrada RCas del bloque

- **ROut** (Remote Output) – el bloque de función pasas los datos a su salida que han sido enviados desde una fuente remota a la entrada ROut del bloque

Los técnicos y profesionales de instrumentación ya están familiarizados con el concepto de controlador que tiene modos de operación en cascada, manual y automático, pero los bloques de función de programa FF extienden este concepto general a cada bloque. Con FF, cada bloque puede ser colocado independientemente en modo automático o manual lo cual es útil para las pruebas de los algoritmos FF y la resolución de problemas de esquemas de control FF complejos. El modo *Out of Service*, por ejemplo, es activado por los técnicos instrumentistas cuando se realizan labores de mantenimiento en un dispositivo FF (Ejemplo, chequear la calibración de un transmisor FF).

Aparte de los modos de operación de los bloques de función FF (no todos son soportados por todos los bloques funcionales), los bloques de función FF también tienen cuatro categorías de modos que describen los modos válidos en varias condiciones:

- Target

- Actual

- Permitted

- Normal

El modo *Target* es el modo en que se trata de estar si fuese posible. El modo *Actual* es el modo en que el bloque se encuentra en el momento presente. Los modos *Permitted* listan todos los diferentes modos que pueden ser usados como modos *Target*. *Normal* es una categoría que le describe a la interface de operador qué debiese ser el modo de operación normal de un bloque, pero el bloque en sí mismo no necesita este modo.

1.5 Comisionamiento de un dispositivo FF H1

Los dispositivos Fieldbus requieren mucha más atención en su configuración inicial y en la puesta en marcha que sus contrapartes analógicas. A diferencia de los transmisores analógicos, por ejemplo, donde los únicos seteos de configuración son los ajustes de calibración de cero y *span*, un transmisor FF tienen una cantidad sustancial de parámetros que describen su comportamiento. Algunos de estos parámetros pueden ser seteados por un usuario final, mientras que otros se configuran automáticamente por el sistema *host* durante la partida, lo cual se conoce como *comissioning*.

1.5.1 Archivos de configuración

Para que los dispositivos FF trabajen en conjunto con un sistema *host* (el cual puede ser fabricado por una compañía diferente), el dispositivo debe poseer capacidades para que pueda describir explícitamente de tal forma que el sistema *host* sepa qué hacer con él. Esto es equivalente a la necesidad de un archivo de driver con respecto a periféricos como impresoras, escáneres o modems.

Existe un lenguaje estandarizado para la instrumentación digital llamado *Device Description Language* o *DDL*. Todos los fabricantes de instrumentos FF tienen que documentar las capacidades de sus dispositivos en el formato estándar de este lenguaje, lo que es compilado por un computador en una conjunto de archivos conocido como *Device Description* o archivos (DD) para este instrumento. En sí, DDL es un lenguaje basado en texto como Java o C y es escrito por un programador humano. Los archivos DD se generan a partir del archivo fuente DDL usando un computador, la salida compilada solo la pueden entender computadores. Los archivos DD de los instrumentos FF tienen extensión de nombres de archivos .sym y .ffo y pueden ser obtenidos libremente desde el fabricante o desde la fundación Fieldbus.

El archivo DD con extensión .ffo está en formato binario y solo puede ser leído por un computador con el software apropiado *DD Services*. El archivo DD con extensión .sym está codificado en ASCII, solo es visible usando un programa editor de texto, pero no es recomendable que se modifique desde el editor de texto.

Existen otros archivos específicos que mantiene el sistema *host* de un segmento FF, son los archivos de *capability* y de *Value*, ambos se denominan *Common Format Fields*, o archivos .cff. Son archivos digitales codificados en ASCII que se pueden leer en formato texto. Estos describen las capacidades del dispositivo y los valores de configuración respectivamente. El archivo de *Capability* de un dispositivo FF se puede bajar desde el sitio web del fabricante o de la fundación Fieldbus junto con los dos archivos DD, con sus tres tipos de extensiones (.cff, .sym y .ffo). El archivo *Value* es generado por el sistema *host* durante la configuración del dispositivo, almacenando los valores de configuración específicos para el dispositivo específico y el número tag de sistema en particular. Los datos almacenados en un archivo *Value* pueden ser usados para duplicar exactamente un dispositivo FF fallado, asegurando que el nuevo dispositivo que lo reemplace tengan los mismos parámetros.

Se muestra una foto de un archivo .cff *Capability* abierto en un editor de texto. Se muestran las primeras líneas de código que describen las capacidades de un modelo de caudalímetro vórtice de Yokogawa modelo DYF (Fig. 1.20).

Como sucede con el archivo *driver* de un periférico de computador personal, es importante tener la versión correcta de los archivos de Capability y DD instalados en el sistema

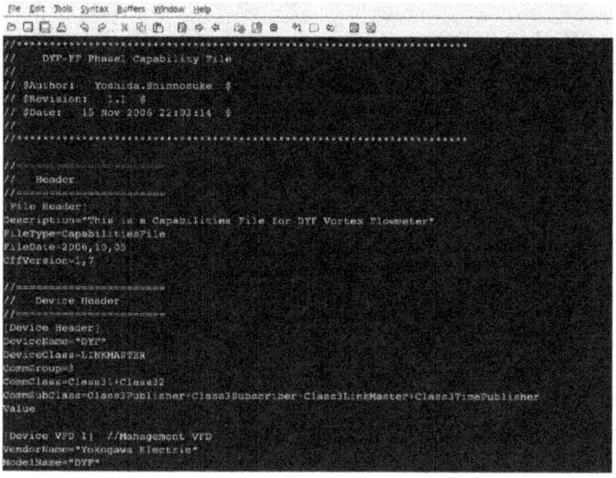

Figura 1.20: Líneas de código que describen las capacidades de un modelo de caudalímetro vórtice de Yokogawa modelo DYF

host antes de intentar comisionar el dispositivo. Está permitido instalar versiones más recientes que el dispositivo, pero no a la inversa (no se puede usar un dispositivo físico más reciente que los archivos Capability y DD). Esta es una tarea de los técnicos: cada vez que se instale un nuevo dispositivo hay que obtener los archivos correctos, instalarlos y archivarlos en el sistema *host* para usarlos en caso de pérdidas eventuales de datos.

1.5.2 Comisionamiento de dispositivo

Esta sección ilustra el comisionamiento de un dispositivo Fieldbus en un segmento real, mostrando fotos de los menúes de configuración del sistema *host*. Este dispositivo en particular, es un posicionador de válvula Fisher DVC5000f y el sistema *host* es un DCS *DeltaV de Emerson*. Todos los archivos de configuración están actualizados antes de haber comenzado este ejercicio. Tenga en cuenta que los pasos en particular para comisionar cualquier dispositivo FF varían de un tipo de *host* a otro y puede que no se siga la secuencia de pasos mostrados aquí.

Cuando un dispositivo FF que no esté configurado se conecta a una red H1, aparecerá como un dispositivo decomisionado. En el sistema *host* de *Emerson DeltaV*, todos los dispositivos FF decomisionados aparecen en una carpeta específica dentro de una organización jerárquica de carpetas. Aquí, el dispositivo Fischer DVC5000 se muestra destacado en azul. Un dispositivo FF comisionado aparece justamente abajo de este (PT_501), mostrando todas los bloques de función disponibles dentro del instrumento (Fig. 1.21).

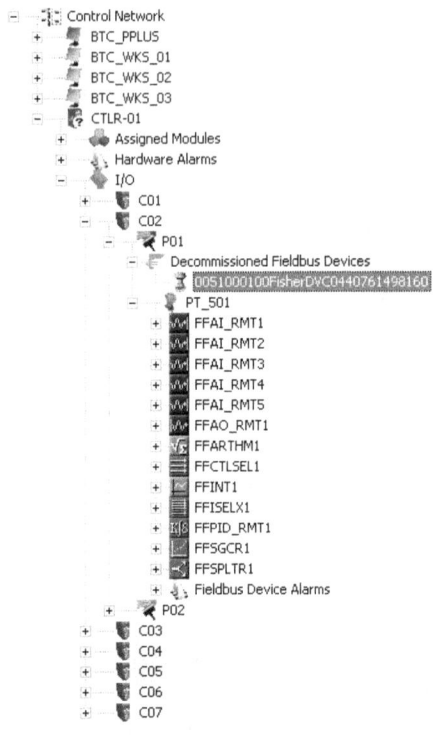

Figura 1.21: Dispositivo FF comisionado (abajo de PT_501), se ven todos los bloques de función disponibles dentro del instrumento

Antes de que cualquier dispositivo FF pueda ser reconocido por el sistema *host* DeltaV, se debe crear un icono y un nombre de tag para que se pueda ubicar dentro de la jerarquía del segmento. Para hacer esto un *New Fieldbus Device* debe ser agregado al puerto H1. Una vez que esta opción sea seleccionada se abrirá una ventana para permitir nombrar al nuevo dispositivo (Fig. 1.22).

Figura 1.22: Adición de un nuevo dispositivo Foundation Fieldbus a un segmento H1

El nombre de tag PV_501 ha sido elegido para el posicionador de válvula Fisher, puesto que este trabaja en conjunción con el transmisor de presión PT_501 para formar un *loop* de control de presión completo. Además del nombre de tag (PV_501), se ha agregado la descripción ("Pressure control valve (positioner)") y se ha especificado el tipo de dispositivo (Fisher DVC500f con capacidad de bloques de función AO, PID e IS). El sistema *host DeltaV* escoge una dirección libre para este dispositivo (35), aunque es posible que se pueda elegir en forma manual la dirección para el dispositivo deseado. Note que el check box de *Backup Link Master* en la ventana de configuración está en color gris, lo que indica que esta opción no está disponible para este dispositivo.

Después de que la información del dispositivo se haya introducido para el nuevo nombre del dispositivo, aparece un icono dentro de la jerarquía para el segmento H1 (conectado al puerto 1). Se puede ver el nombre del nuevo tag (PV_501) debajo del ultimo bloque de función para el instrumento comisionado FF (PT_501). El dispositivo real está aún decomisionado, por lo que aparece como tal (Fig. 1.23).

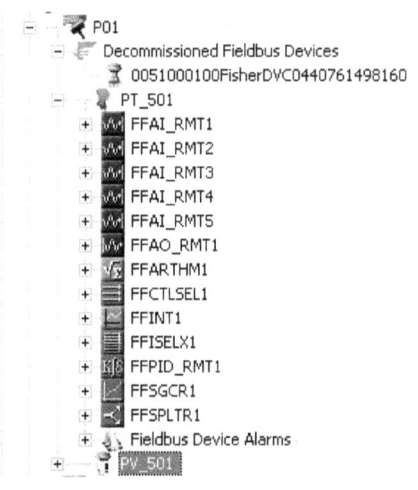

Figura 1.23: Dispositivo decomisionado

Haciendo click derecho en el nuevo nombre de tag y seleccionando la opción *Commission* aparece una nueva ventana que se abre para que se seleccione entre los dispositivos no comisionados para que tenga el nombre de tag. Puesto que, en este caso, solo hay un dispositivo decomisionado en todo el segmento, solamente aparece una opción dentro de la ventana (Fig. 1.24).

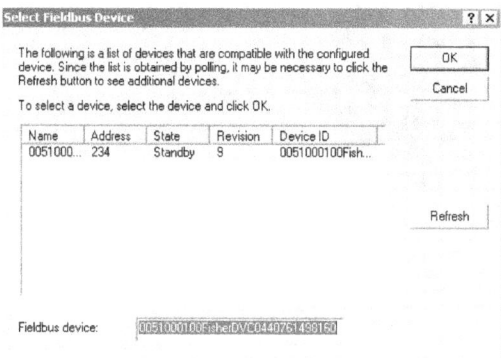

Figura 1.24: Ventana de comisionamiento en un sistema DeltaV

Después de seleccionar un dispositivo decomisionado UD deseará comisionarlo, el sistema *DeltaV* pregunta si acaso desea reconciliar cualquier diferencia entre el nombre de tag recién creado y el dispositivo decomisionado. Se permite que el conjunto de parámetros del bloque de Transductor y/o de Resource no coincidan con lo que tenga el dispositivo decomisionado, si es que UD lo desea. En caso contrario los parámetros del bloque existente dentro del dispositivo decomisionado permanecerán sin cambios (Fig. 1.25).

Después de seleccionar (o no) la opción de reconciliar, el sistema *DeltaV* pregunta si se confirma el comisionamiento del dispositivo, después de lo cual se sigue una serie de secuencias animadas en la medida que el dispositivo va desde el estado *Stand by* al estado *Commissioned* (Fig. 1.26).

Como se puede deducir, el proceso de comisionamiento no es muy rápido. Después de transcurrido un minuto, el dispositivo todavía está Inicializando y no está aún

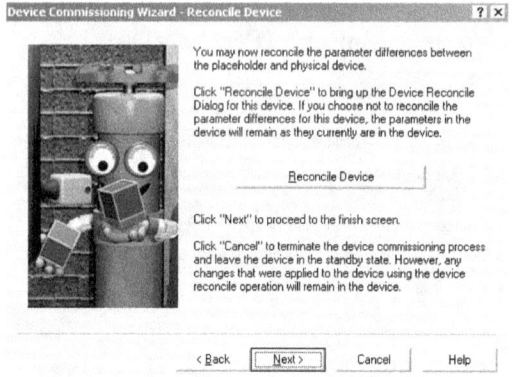

Figura 1.25: Comisionamiento y reconciliación en un sistema *DeltaV*

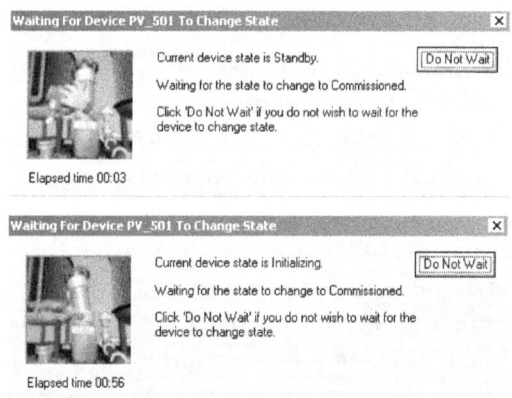

Figura 1.26: Paso al estado comisionado en un sistema *DeltaV*

comisionado. La velocidad de red de 31.25 kbps y la prioridad de las comunicaciones planificadas son los factores limitantes cuando se intercambia una gran cantidad de datos de configuración en un segmento FF H1. Para que la configuración del dispositivo no se interrumpa o demore las transferencia de datos de proceso críticos, todos los intercambios de datos de configuración deben esperar a períodos no planificados y solo entonces puede transmitir a la relativamente lenta velocidad de 31.25 kbps cuando llegue la ranura de tiempo que corresponda. Cualquier técnico habituado a las transferencias rápidas de los dispositivos modernos de Ethernet puede sentir como si se retrocediese al tiempo en que los computadores eran mucho más lentos.

Después de comisionar este dispositivo en el sistema de *host DeltaV* aparecen varios iconos en la jerarquía con triángulos azules. En el sistema DeltaV, estos iconos de triángulos azules representan la necesidad de descargar cambios de la base de datos a los nodos distribuidos del sistema (Fig. 1.27).

Después de que se hayan descargado los datos, el posicionador de válvula FF nuevo se ve directamente debajo del transmisor de presión como un instrumentos comisionado y estará listo para el servicio. Los bloques de función para el transmisor de presión PT_501 se han colapsado en el icono del transmisor y hay bloques de función que se han expandido en esta vista (Fig. 1.28).

Como se puede ver, el nuevo instrumento (PV_501) no ofrece tantas funciones como el instrumento original FF (PT_501). El número de bloques de función Fieldbus ofrecido por cualquier instrumento FF es una función de la capacidad computacional, de la carga de tareas interna y del deseo de los diseñadores. Un factor importante cuando se diseña un segmento: asegúrese de incluir los instrumentos que tengan todos los bloques de función que necesite para ejecutar el esquema de control deseado. Esto puede ser un problema si uno de los instrumentos FF en un esquema de control es reemplazado con uno de un fabricante o modelo diferente que

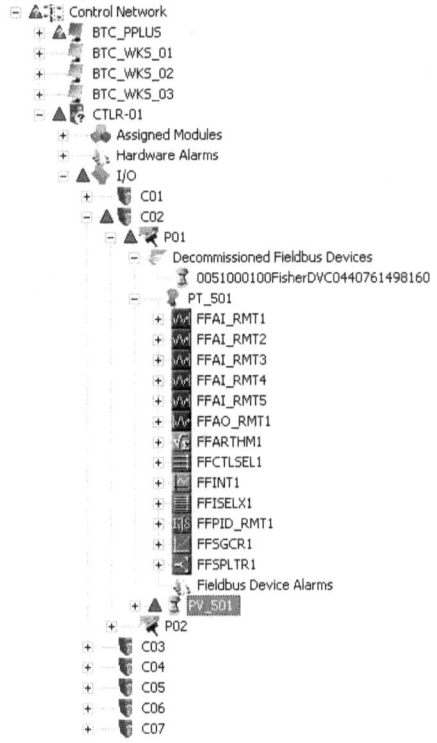

Figura 1.27: Dispositivos comisionados en un sistema *DeltaV*

no tenga los bloques de función necesarios. Si no hubiese uno o más bloques de función crítica en el instrumento reemplazador se deberá consultar por otros reemplazos.

1.5.3 Calibración y *ranging*

La calibración y el *ranging* de un dispositivo FF es similar en principio a cualquier otro instrumento *smart*. A diferencia de los instrumentos analógicos, donde los ajustes de cero y *span* están interrelacionados, la calibración y el *ranging* son dos funciones completamente independientes en un instrumento digital.

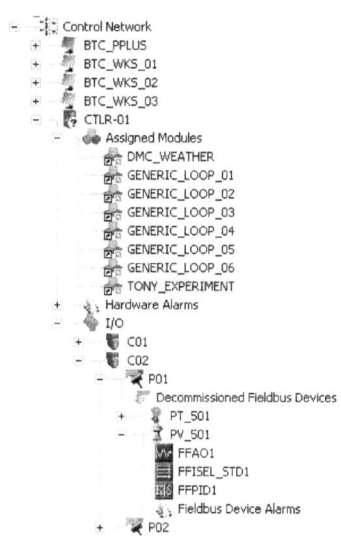

Figura 1.28: Posicionador de válvula listo para ser usado en un sistema *DeltaV*

Se muestra un diagrama de bloques los ajustes de cero y de *span* de un transmisor de presión (Fig. 1.29).

Juntos, los ajustes de cero y de *span* definen las relaciones matemáticas entre la presión sensada y la corriente de salida. La calibración de un transmisor análogo consiste en la aplicación de estímulos de entrada conocidos (estándar de referencia) al instrumento y luego el ajuste de las configuraciones de cero y de *span* hasta que se llegue a los valores deseados de la corriente de salida.

Un transmisor digital *smart* equipado con una salida analógica de 4-20 mA de corriente de salida separa las funciones de calibración y de *ranging* (Fig. 1.30).

La calibración de un transmisor inteligente consiste en aplicar estímulos de entrada conocidos (registrados) al instrumento (estándar de referencia) y activar las funciones *trim* hasta que el instrumento registre en forma precisa los estímulos de entrada. El *ranging*, por contraste, establece la

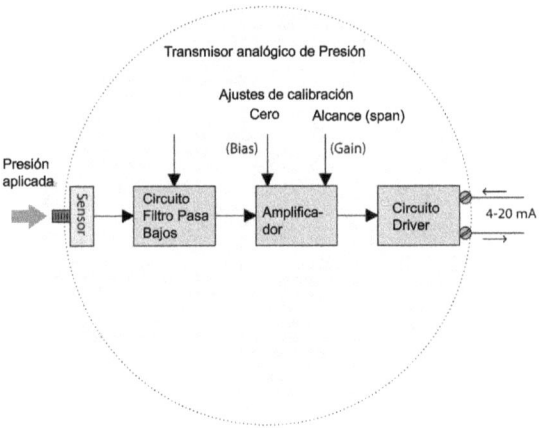

Figura 1.29: Ajuste de cero y alcance *span* en un instrumento
Foundation Fieldbus

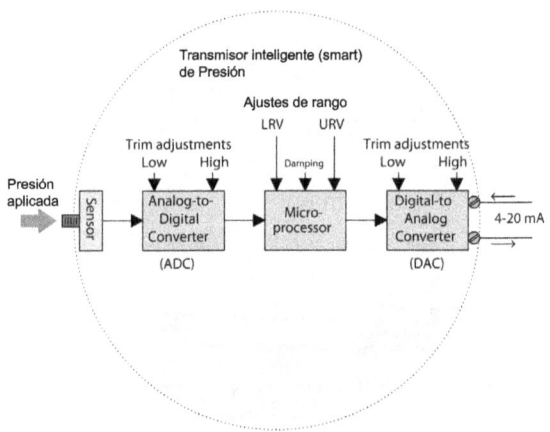

Figura 1.30: Calibración de un instrumento digital inteligente

relación matemática entre los valores de entrada registrados y el valor de la corriente de salida. Para ilustrar la diferencia entre calibración y *ranging*, considere el caso de un transmisor de presión que es usado para medir el caudal de agua usando un Tubo de Venturi. Suponga que el rango de presión de 0 - 100 pulgadas de columna de agua se traduce a un rango de caudal de 0-250 galones por minuto. Si deseáramos cambiar el rango de un transmisor de presión analógico para que mida un rango de caudal de (digamos, 0-130 galones por minuto), se debiese recalcular el nuevo rango de presión (0-27.04 pulgadas de columna de agua, obedeciendo el comportamiento cuadrático del Tubo de Venturi) y entonces hacer depender el transmisor de presión diferencial de una nueva presión (estándar) de 27.04 pulgadas de columna de agua, a la vez que se reajusta el cero y el *span* del transmisor para que represente con precisión el nuevo rango. La única forma para *re-ranguear* el transmisor analógico es ¡*re-calibrarlo*! completamente.

En un instrumento inteligente de medición digital, sin embargo, solo se necesita realizar la calibración contra una fuente conocida (estándar) en intervalos especificados para contrarrestar la deriva del instrumento, la que puede perjudicar la precisión. Si el transmisor hipotético fuese calibrado en forma precisa contra un estándar conocido de presión y se confía que no haya deriva desde el último ciclo de calibración, se podría *re-ranguearlo* a través de la programación del nuevo LRV (*Lower Range Value*) y del nuevo URV (*Upper Range Value*) de tal forma que las 27.04 pulgadas de columna de agua ahora generen una salida de 20mA, en lugar de ser generados por 100 pulgadas de columna de agua como antes. La instrumentación digital permite *re-rangear* sin *re-calibrar*, lo que representa un tremendo ahorro en tiempo y esfuerzo de los técnicos.

La instrumentación Fieldbus, claramente, es inteligente y sus diagramas de bloques internos se parecen a los transmisores inteligentes con salida de corriente analógica, a pesar del gran número de parámetros dentro de cada bloque. El rectángulo etiquetado como *XD* en el siguiente diagrama es el bloque de Transductor, mientras que el rectángulo etiquetado como AI es el bloque de entrada analógico (Fig. 1.31).

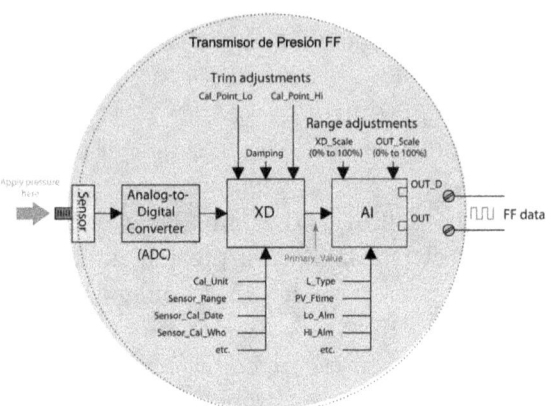

Figura 1.31: Calibración de dispositivos Foundation Fieldbus

Los valores de calibración (*trim*) se setean en el bloque del transductor junto con las unidades de ingeniería, haciendo que la salida del bloque del transductor sea un valor digital escalado en unidades reales de medición (Ejemplo, PSI, kPa, bar, mm, Hg y otros) en vez de que sea un valor crudo del ADC *count*. El bloque de función de entrada analógica recibe este valor pre-escalado *Primary Value* y lo traduce a otro valor escalado basado en una proporcionalidad entre los valores de la escala del transductor (XD_Scale alto y bajo) y los valores de la escala de salida (OUT_Scale alto y bajo). El parámetro L_Type que reside en el bloque de entrada analógico determina si el *ranging* es directo (valor de salida es igual al valor de la entrada principal), indirecto (proporcionalmente escalado) o indirecto con caracterización de raíz-cuadrada (útil para convertir mediciones de presión diferencial de presión en un elemento primario de caudal en caudal real).

Para calibrar ese transmisor, el bloque de transductor primeramente debe ser colocado en modo OOS *Out Of Service* usando un comunicador manual FF o con el sistema *host* de Fieldbus. Posteriormente, una presión de caudal estándar (de grado de calibración) se aplica al sensor del transmisor y el parámetro `Cal_Point_Lo` se establece con el valor de la presión aplicada. Después se aplica una presión mayor y el parámetro `Cal_Point_Hi` se hace igual a la presión aplicada. Luego de aplicar los parámetros de calibración de grabación (Ejemplo, `Sensor_Cal_Date`, `Sensor_Cal_Who`), el modo de los bloques del transductor deben ser puestos en modo *Auto* y se debe volver a usar el transmisor.

Para *ranguear* este tipo de transmisor debe determinarse la correspondencia entre la presión sensada y la variable de proceso, y debe ser introducida en los parámetros del bloque de función de entrada `XD_Scale` y `OUT_Scale`. Si se usa un transmisor de presión para medir otra cosa diferente de presión, estos parámetros de rango son muy útiles, no solo porque proporcionan los valores numéricos de las mediciones, sino porque también fuerza a que los valores digitales de salida finales estén en las unidades de medición deseadas de unidades de ingeniería.

El concepto de *ranging* de un transmisor FF tienen más sentido cuando se ve en el contexto de una aplicación real. Considere el ejemplo donde el transmisor de presión se usa para medir el nivel de Etanol (Ethyl alcohol) almacenado en un tanque con una altura de 40 pies. El transmisor se conecta al fondo del tanque con un tubo y está situado a 10 pies abajo del fondo del tanque (Fig. 1.32).

La presión estática que se ejerce en el elemento de sensado del transmisor es el producto de la densidad del líquido (γ) y de la altura de la columna de líquido (h). Cuando el tanque esté vacío, aún habrá una columna vertical de Etanol de 10 pies de alto aplicando presión al puerto de presión H del transmisor. Entonces, la presión vista por el transmisor en una condición de vacío es igual a :

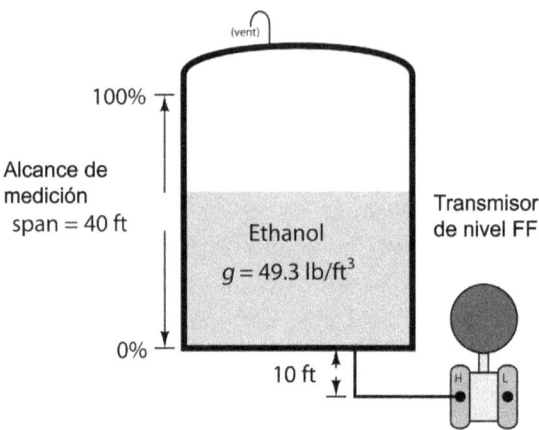

Figura 1.32: Ranging de un transmisor Foundation Fieldbus

$$P_{vaco} = \gamma h_{vaco} = (49.3 \ \text{lb/ft}^3)(10 \ \text{ft})$$

$$P_{vaco} = 493 \ \text{lb/ft}^2 = 3.424 \ \text{PSI}$$

Cuando el tanque está completamente lleno (40 pies), el transmisor ve una columna vertical de Etanol de 50 pies de alto (los 40 pies de alto del tanque más la altura de supresión de 10 pies creada por la ubicación del transmisor por abajo del fondo del tanque). Entonces, la presión vista por el transmisor en una condición de lleno es:

$$P_{lleno} = \gamma h_{lleno} = (49.3 \ \text{lb/ft}^3)(50 \ \text{ft})$$

$$P_{lleno} = 2465 \ \text{lb/ft}^2 = 17.12 \ \text{PSI}$$

El sistema de control no considera los 10 pies de supresión. Todo lo que necesita saber es el nivel de Etanol en relación al fondo del tanque (en relación a una condición de vacío).

Tabla 1.4: Calibración de un dispositivo Foundation Fieldbus

Parámetro de bloque AI	Intervalo
XD_Escala	3.424 PSI a 17.12 PSI
OUT_Escala	0 feet a 40 feet
L_Tipo	Indirecto

Entonces, cuando se quiera *rangear* este transmisor para la aplicación, se puede setear el parámetro de rango del bloque de entrada analógica (Tab. 1.4).

Ahora, el nivel de Etanol en el tanque podrá ser representado en forma precisa en la salida del transmisor FF en unidades numéricas o de unidades de medición. Un tanque vacío genera una presión de 3.424 PSI haciendo que el transmisor emita una valor de salida digital de 0 pies, mientras que en tanque lleno se genera una presión de 17.12 PSI de presión que causa una salida digital de 40 pies. Cualquier nivel de Etanol entre 0-40 pies podrá ser representado en forma proporcional.

Si más adelante, se hace necesario relocalizar el transmisor de tal forma que no tenga más los 10 pies de supresión con respecto al fondo del tanque, el parámetro XD_Scale puede ser ajustado para reflejar el desplazamiento correspondiente en el rango de presión y el transmisor representará todavía con precisión el nivel de Etanol desde 0-40 pies, sin tener que ajustar o re-calibrar cualquier cosa en el transmisor.

1.6 Resolución de problemas en H1 FF

La información obtenida de los clientes industriales indican que Fieldbus es una tecnología maravillosa, pero solamente si ha sido bien instalada. Las instalaciones mal hechas con el fin de gastar menos capital causarán muchos problemas durante la puesta en marcha y la operación.

Una forma relativamente fácil de evitar problemas de

Tabla 1.5: Mediciones de un sistema de cableado Foundation
Fieldbus

Puntos de medición	Resistencia
Entre los conductores (+) y (-)	> 50 kΩ, > 50 aumentando con el tiempo
Entre el conductor (+) y el apantallamiento (tierra)	> 20 MΩ
Entre el conductor (-) y el apantallamiento (tierra)	> 20 MΩ
Entre el conductor de apantallamiento y la tierra	> 20 MΩ

corto-circuitos en el cableado FF es usar dispositivos de
acople que tengan protección contra cortocircuitos. Esta
característica no sube mucho el costo y puede evitar la falla de
un segmento completo debido a un cortocircuito en un cable
spur o dentro de un dispositivo. Use dispositivos de acople
con LEDs indicadores porque estos ofrecen una verificación
visual de la potencia de la red lo que puede acelerar la
detección y resolución de fallas en un segmento FF cuando
surja la necesidad.

1.6.1 Resistencia del Cable

Un chequeo simple del cableado en un segmento H1 consiste
de una serie de mediciones de resistencia realizadas con el
segmento desenergizado (como se hace la medición normal de
una resistencia), con todos los dispositivos FF desconectados
y con el cable totalmente desconectado (los tres conductores)
del extremo del *host*. La siguiente tabla muestra las
directrices publicadas para la Fundación Fieldbus para las
mediciones de la resistencia del cable de segmento H1
(Tab. 1.5).

El último chequeo de resistencia que se muestra en la tabla busca la presencia de conexiones a tierra al conductor de pantalla que es el que se conecta a tierra en el extremo del sistema *host* (el cual ha sido desconectado para hacer este test). Puesto que la pantalla solo debe estar aterrada en un solo punto (para evitar lazos de tierra) y este punto ha sido desconectado, el conductor de pantalla debiera registrar no continuidad con la tierra durante el test.

Es totalmente necesario desconectar todos los dispositivos FF y las interfaces del sistema *host* para que las mediciones de resistencia reflejen la salud del cable y nada más. La presencia de cualquier dispositivo FF en el segmento podría afectar sustancialmente las mediciones de resistencia, particularmente la resistencia entre los conductores de señal (marcados como + y -).

1.6.2 Fuerza de la señal

La fundación Fieldbus especifica un rango de voltaje de señal (pico-a-pico) de 350 mv a 700 mV para un segmento FF saludable. Si se nota una señal con un voltaje excesivo significa que no hay suficientes resistores de terminación, mientras que la existencia de niveles insuficientes de voltaje indican una superabundancia de terminadores (o de un corto-circuito) (Tab. 1.6).

1.6.3 Ruido Eléctrico

Al igual que otras redes digitales, FF es inmune frente a voltajes de ruido que estén por abajo de cierto umbral. Si el voltaje de ruido está presente en una cantidad excesiva, podría hacer que los bits sean malinterpretados causando errores de datos. La fundación Fieldbus ofrece la recomendación siguiente para los niveles de voltaje de ruido en un segmento FF (Tab. 1.7).

Tabla 1.6: Detección de problemas de nivel físico en redes Foundation Fieldbus

Voltaje pico-pico	Interpretación
800 mV o más	Sin resistencia terminadora
350 mV a 700 mV	Buena señal de tierra
150 mV a 350 mV	Señal baja – posiblemente por resistencias de terminación extras
150 mV o menos	Señal muy baja no funcionará

Tabla 1.7: Niveles de ruido en redes Foundation Fieldbus

Voltaje pico a pico de ruido	Interpretación
25 mV o menos	Excelente
25 mV a 50 mV	Ok
50 mV a 100 mV	Marginal
100 mV o más	Pobre

1.6.4 Usando un osciloscopio en segmentos H1

Una herramienta disponible en la mayor parte de las tiendas electrónicas es un osciloscopio de almacenamiento digital, el cual se puede usar para medir y mostrar las formas de onda de las señales FF H1 para analizar problemas. Los osciloscopios analógicos también son útiles para la resolución de problemas de red pero en un grado menor.

Cuando se use un osciloscopio para medir señales FF H1 es muy importante no conectar ninguno de los dos conductores del segmento FF a la tierra a través del osciloscopio. Al hacer esto, casi siempre causaría problemas de redes adicionales a las ya existentes. Si el canal único del osciloscopio fuese conectado a los cables de segmento la presilla de tierra de la sonda forzará a esos conductores a potencial de tierra vía el chasis de metal del osciloscopio, el cual está unido a tierra a través del pin de tierra del enchufe (esto se hace para proteger la vida de los usuarios del osciloscopio, no para medir). Una excepción a esta regla es si el osciloscopio fuese alimentado con baterías y tuviese una caja aislada, que no pudiese ser conectada a tierra a través del contacto de la mano que la sostenga. Cualquier otra forma de usar el canal único (single channel) de un osciloscopio alimentado con corriente de línea para medir señales de redes, sería una invitación a los problemas.

Cuando se usa un osciloscopio alimentado con corriente de línea, la forma apropiada de configurarlo es a través de mediciones de canal diferencial. En este modo, el osciloscopio registrará el voltaje entre dos sondas, en lugar de registrar el voltaje entre una sonda simple y la tierra (Fig. 1.33).

Configurar un osciloscopio en modo diferencial es muy simple. En el panel frontal del osciloscopio, se debe seleccionar el modo ADD, donde la traza de la señal en la pantalla represente la suma instantánea de los dos canales de entrada (canales A y B). La sensibilidad de volts por división de ambos canales debe ser exactamente igual. El control Invert debe estar activado en el segundo canal, para

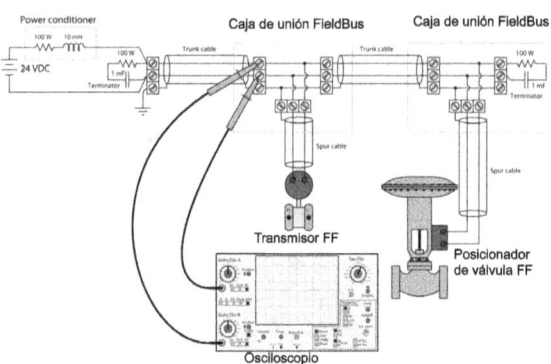

Figura 1.33: Uso de un osciloscopio para la detección de fallas en redes Foundation Fieldbus

producir la inversión de la señal de ese canal (se ve invertido en la pantalla). La suma del canal A y el canal B invertido es equivalente a la diferencia matemática entre A y B, lo que significa que la traza en la pantalla ahora representa la diferencia de potencial entre las dos sondas. El osciloscopio ahora se comporta como un voltímetro sin tierra, donde ninguna de las sondas está referida a tierra.

1.6.5   Retransmisiones de señales

Aparte de los parámetros de voltaje (fuerza de señal, amplitud de ruido) otro buen indicador de la salud de un segmento FF es el número de retransmisiones de mensajes en el tiempo. Ciertos tipos de comunicaciones en un segmento H1 requieren verificación de una señal recibida (particularmente en el caso de los VCR de cliente/servidor como aquellos usados para comunicar los cambio en los *setpoints* de operador y los mensajes de diagnóstico). Si la señal recibida por un dispositivo cliente FF estuviese corrupta, el dispositivo pedirá una re-transmisión. Los eventos de re-transmisión son, entonces, una indicación de la frecuencia con los mensajes se corrompen, lo cual es una función directa de la integridad de las señales de un segmento Fieldbus.

La mayor parte de los sistemas *host* proporcionan estadísticas de retransmisión en la misma forma que lo hacen los computadores que se comunican con TCP/IP (informando paquetes perdidos por unidad de tiempo). Puesto que casi todos los segmentos FF funcionan con un *host* conectado, esto se vuelve una herramienta de diagnóstico que ya está incorporada y que los técnicos pueden usar para resolver problemas de los segmentos de red FF.

También se fabrican herramientas de diagnóstico portátiles que detectan niveles de voltaje de las señales, niveles de voltaje de ruido y estadísticas de retransmisión de mensajes. *Relcom* fabricó los modelos FBT-3 y FBT-6 de testeadores Fieldbus, el FBT-6 es el más capaz de los dos.

Glosario

Su visita será siempre bienvenida en
http://habanazo.blogspot.com

www.ingramcontent.com/pod-product-compliance
Lightning Source LLC
Chambersburg PA
CBHW080248200526
45166CB00021B/1094